since 1890

受験研究社

シール

JN065170

● よくできたとき，よ...を貼りましょう。

Ⓔ

1 くだものが あります。（100てん）1つ25

① くだものの かずと おなじ かずの
●を ── で むすびましょう。

② 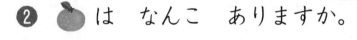は なんこ ありますか。 こ

③ 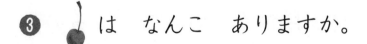は なんこ ありますか。 こ

④ 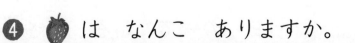は なんこ ありますか。 こ

こたえは87ページ ☞

5までの かず ②

1 いきものが あつまりました。なんびき
いますか。(40てん) 1つ20

❶

❷

 ねこ ☐ びき　　かえる ☐ ひき

2 おさらに たまごが のせて あります。

たまごの かずを
かぞえよう。

❶ たまごは なんこと なんこ あります
か。(30てん)　　　　☐ こと ☐ こ

❷ たまごが おおく のって いるのは
どちらの おさらですか。(30てん)

☐ こ のって いる おさら

こたえは87ページ☞

10 までの　かず　①

1 むしが　あつまりました。（100てん）1つ25

① むしの　かずと　おなじ　かずの　● を
　　―― で　むすびましょう。

② は　なんびき　いますか。　□ ぴき

③ は　なんびき　いますか。　□ ぴき

④ は　なんびき　いますか。　□ ひき

こたえは87ページ

10までの　かず ②

1 ふくろう, からす 🐦, はと 🕊 が
います。

① それぞれ　なんわ　いますか。（60てん）1つ20

□ わ

□ わ

□ わ

② うえの　とりの　なかで, いちばん
おおいのは　なんですか。（20てん）

③ うえの　とりの　なかで, いちばん
すくないのは　なんですか。（20てん）

こたえは87ページ

10までの　かず ③

1 かずの　カードが　あります。

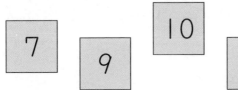

7　9　10　6　8

❶ 6と　8を　くらべると，どちらが
おおきいですか。(20てん)

❷ □に　はいる　かずを　かきましょう。
(40てん) 1つ20

□ー9ー□ー7ー6

❸ みぎの　くりの　かずと
おなじ　カードを　さがし，
すうじを　かきましょう。
(20てん)

❹ 9と　おなじ　かずだけ　○に　いろを
ぬりましょう。(20てん)

こたえは87ページ ☞

1 おやつを たべます。（80てん）□1つ20

① おさらの うえに いちごは なんこ
ありますか。

□こ　　　　　　□こ

② おさらの うえに ケーキは なんこ
ありますか。

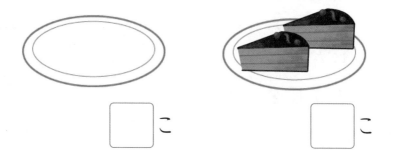

□こ　　　　　　□こ

2 □に はいる かずを かきましょう。

（20てん）□1つ10

□－3－2－1－□

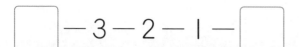

6

なんばんめ ①

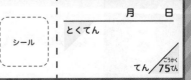
1 どうぶつの　でんしゃです。(50てん) 1つ25

まえ

うしろ

① たぬきは　まえから　なんばんめですか。

〔　　〕ばんめ

② きりんは　うしろから　なんばんめですか。

〔　　〕ばんめ

2 ○に　いろを　ぬりましょう。(50てん) 1つ25

① ひだりから　8ばんめ

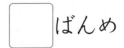

ひだり ○○○○○○○○○○ みぎ

② みぎから　6こ

ひだり ○○○○○○○○○○ みぎ

こたえは87ページ ☞

なんばんめ ②

シール

月　日
とくてん

てん／<ruby>合格<rt>ごうかく</rt></ruby>**80**てん

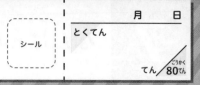

1 かいだんに どうぶつが
います。（40てん）1つ20

❶ したから ２ばんめに
は なにが いますか。

❷ うさぎは うえから
なんばんめですか。

□ばんめ

2 ○を つけましょう。（60てん）1つ20

❶ ひだりから
４ばんめ

ひだり　みぎ

❷ みぎから
８にんめ

ひだり　みぎ

❸ みぎから
３ばんめ

ひだり　みぎ

こたえは87ページ ☞

1 かごに 6この みかんが
はいって います。3こを
とりだしました。かごの
なかは なんこに なりましたか。（25てん）

 こ

2 6に するには, あと いくつ いろを
ぬると よいですか。○に いろを
ぬりましょう。（75てん）1つ25

❶  と

❷  と

❸  と

こたえは88ページ ☞

いくつと いくつ ②

1 あと いくつで 7に なりますか。
かずを かきましょう。 (60てん) 1つ15

①

いくつ
たりないかな?

②

③

④

2 □に かずを かいて，7を つくりま
しょう。 (40てん) 1つ10

① 7
2 ☐

② 7
☐ 4

③ 7
1 ☐

④ 7
5 ☐

こたえは88ページ ☞

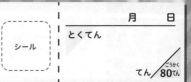
1 すうじカードが あります。8に なる
カードに ○を つけましょう。（40てん）

2 と 6	1 と 4	2 と 7
1 と 6	7 と 1	3 と 5
4 と 5	4 と 4	3 と 7

2 おさらの うえに いちごが あります。
あわせて 9こに なるように ──で
むすびましょう。（60てん）1つ20

 ・　　・

 ・　　・

 ・　　・

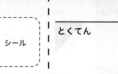
1 10に するには, あと いくつ いろ を ぬると よいですか。○に いろを ぬりましょう。(60てん) 1つ20

❶

❷

❸

2 □に かずを かいて, 10を つくり ましょう。(40てん) 1つ10

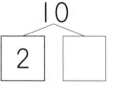

❶
```
     10
    /  \
  2      □
```

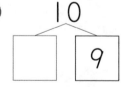

❷
```
     10
    /  \
  □      9
```

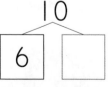

❸
```
     10
    /  \
  6      □
```

❹
```
     10
    /  \
  □      5
```

こたえは88ページ ☞

あわせて いくつ

1 おさらの うえに いちごが あります。

(50てん) 1つ25

❶ しきに かきます。あって いる しき
に ○を つけましょう。

2+2　　　　1+4　　　　2+3

❷ こたえは いくつですか。　　　□ こ

2 なわとびを して いる ひとが 3に
ん, ブランコに のって いる ひとが
4にん います。あわせて なんにんで
すか。(しき25てん・こたえ25てん)

（しき）

□ にん

こたえは88ページ ☞

1 ふえると いくつですか。

① 🚗🚗🚗に 6だい ふえました。なんだいに なりましたか。(しき20てん・こたえ10てん)

（しき）

□だい

② 🍎🍎🍎🍎🍎に 3こ ふえました。なんこに なりましたか。(しき20てん・こたえ10てん)

（しき）

□こ

2 たまいれを して います。7こ はいって います。3こ いれました。なんこに なりましたか。(しき20てん・こたえ20てん)

（しき）

□こ

14

こたえは88ページ ☞

たしざん ①

1 こたえは　いくつですか。（100てん）1つ10

❶ $1+1=\boxed{}$　　　❷ $1+2=\boxed{}$

❸ $3+2=\boxed{}$　　　❹ $4+1=\boxed{}$

❺ $1+3=\boxed{}$　　　❻ $2+2=\boxed{}$

❼ $2+6=\boxed{}$　　　❽ $5+2=\boxed{}$

❾ $3+3=\boxed{}$　　　❿ $6+3=\boxed{}$

こたえは88ページ ☞

たしざん ②

1 こたえは　いくつですか。(20てん) 1つ10

❶ $4+5=$ ☐　　　❷ $7+1=$ ☐

2 ☐に　はいる　かずを　かきましょう。
(40てん) 1つ10

❶ $8+$ ☐ $=10$　　　❷ $4+$ ☐ $=10$

❸ ☐ $+5=10$　　　❹ ☐ $+9=10$

3 ☐に　かずを　かいて，$5+4$ の　しき
に　なる　もんだいを　つくりましょう。
(40てん) ☐1つ20

☐ にんが　かけっこを　して　いま

した。そこへ　☐ にん　きました。

あわせて　なんにんに　なりましたか。

たしざんの カード ①

シール

1 たしざんの カードを つくります。お
もてに たしざんの しき, うらに こ
たえを かきましょう。(100てん) 1つ20

(おもて) 4+5　　　9 (うら)

① 7+3　　　□

② □+2　　　7

カードを かんせい
させよう。

③ 3+3　　　□

④ 4+□　　　10

⑤ 7+□　　　8

こたえは88ページ ☞

たしざんの カード ② （か あ ど） ［シール］

月　日
とくてん
てん／80てん（ごうかく）

1 こたえが 9に なる カードに ○を つけましょう。（40てん）

| 7+1 | 3+6 | 2+8 |

| 2+7 | 5+3 | 6+4 |

2 こたえが おなじに なる カードを —— で むすびましょう。（60てん）1つ20

| 2+5 | ・ | ・ | 6+2 |

| 9+1 | ・ | ・ | 5+5 |

| 3+5 | ・ | ・ | 4+3 |

こたえは88ページ ☞

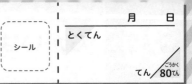

1 のこりは　いくつですか。

1 すずめが　8わ　います。5わ　とんで
いきました。のこりは　なんわですか。

（しき30てん・こたえ20てん）

（しき）

 わ

2 おかしが　10こ　あります。みきさん
に　4こ　あげました。のこりは　なん
こですか。（しき30てん・こたえ20てん）

（しき）

 こ

こたえは89ページ ☞

ちがいは　いくつ

1 ちがいは　いくつですか。

❶ さると　きつねが　います。さるの　ほうが　なんびき　おおいですか。

（しき30てん・こたえ20てん）

（しき）

 びき

❷ みかんと　りんごが　あります。みかんの　ほうが　なんこ　おおいですか。

（しき30てん・こたえ20てん）

（しき）

 こ

こたえは89ページ ☞

ひきざん ①

1 こたえは　いくつですか。（100てん）1つ10

❶ $9-5=\boxed{}$　　　❷ $8-7=\boxed{}$

❸ $3-1=\boxed{}$　　　❹ $5-2=\boxed{}$

❺ $9-3=\boxed{}$　　　❻ $10-9=\boxed{}$

❼ $8-6=\boxed{}$　　　❽ $10-2=\boxed{}$

❾ $8-1=\boxed{}$　　　❿ $9-4=\boxed{}$

ひきざん ②

1 こたえは　いくつですか。(20てん) 1つ10

❶ 6−3=☐　　❷ 7−2=☐

2 ☐に　はいる　かずを　かきましょう。

(40てん) 1つ10

❶ 6−☐=2　　❷ 7−☐=3

❸ ☐−4=4　　❹ ☐−7=3

3 ☐に　かずを　かいて，7−3 の　しき
に　なる　もんだいを　つくりましょう。

(40てん) ☐1つ20

しろの　はたが　☐ほん，あかの

はたが　☐ぼん　たって　いました。

しろの　はたの　ほうが　なんぼん
おおいですか。

こたえは89ページ ☞

ひきざんの カード ①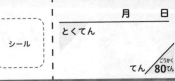

1 ひきざんの カードを つくります。おもてに ひきざんの しき, うらに こたえを かきましょう。(100てん) 1つ20

（おもて） 10−5　　（うら） 5

❶ 6−4　　　□

❷ 9−□　　　7

❸ 5−3　　　□

❹ 8−□　　　7

❺ 7−□　　　2

こたえは89ページ

ひきざんの カード ②

1 こたえが ３に なる カードに ○を
つけましょう。（40てん）

| $10-7$ | $6-2$ | $8-6$ |

| $9-7$ | $4-1$ | $8-4$ |

2 こたえが おなじに なる カードを
―― で むすびましょう。（60てん）1つ20

$9-2$ ・　　　　・ $8-3$

$5-1$ ・　　　　・ $10-3$

$7-2$ ・　　　　・ $10-6$

こたえは89ページ

1 じゃんけんを しました。パーで かつ
と ５てん, チョキで かつと ３てん,
グーで かつと １てん, まけると ０
てんです。ふたりの とくてんを まと
めました。

	１かいめ	２かいめ	３かいめ
よしきさん	0	3	0
みどりさん	5	0	1

❶ とくてんは あわせて なんてんですか。

(50てん) □1つ25

よしきさん □ てん　みどりさん □ てん

❷ よしきさんの １かいめと ３かいめの
とくてんは, あわせて なんてんですか。

(25てん)

□ てん

❸ とくてんを おおく とったのは だれ
ですか。(25てん)

□ さん

こたえは89ページ ☞

0の ひきざん

シール

月　日
とくてん

てん／ごうかく 75てん

1 どんぐりと くりを ひろいました。3
にんの ひろった かずを まとめまし
た。

	どんぐり	くり
ゆうきさん	8	0
けんごさん	10	3
みよこさん	5	0

① どんぐりと くりの かずの ちがいは
いくつですか。（75てん）1つ25

① ゆうきさん　8−0=☐

② けんごさん　10−3=☐

③ みよこさん　5−0=☐

ひとつも ひろって
いなければ 0だね。

② どんぐりと くりの かずの ちがいが
いちばん おおきいのは だれですか。

（25てん）

☐さん

せいりの しかた ①

1 くだものの かずを しらべます。

❶ くだものの かずだけ ○に いろを
ぬりましょう。(60てん) 1つ20

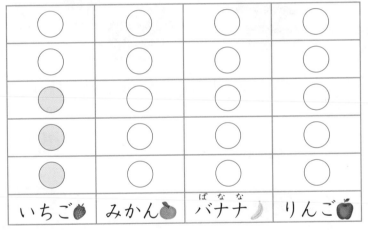

○	○	○	○
○	○	○	○
○	○	○	○
○	○	○	○
○	○	○	○
いちご	みかん	バナナ	りんご

❷ かずが いちばん おおい くだものは
どれですか。(20てん)

❸ かずが いちばん すくない くだもの
は どれですか。(20てん)

こたえは89ページ

1 どうぶつの　かずを　しらべます。

❶ どうぶつの　かずを　かきましょう。

(60てん) □1つ15

しか ☐　　　　さる ☐

くま ☐　　　　ぞう ☐

❷ かずが　いちばん　おおい　どうぶつは
どれですか。(20てん) ☐

❸ かずが　おなじ　どうぶつは　どれと
どれですか。(20てん)

☐ と

28

こたえは89ページ ☞

1 まめが さらに のせて あります。

① それぞれの さらの まめを 10と
□の かずに わけましょう。（40てん）1つ10

①  10と □

②  10と □

③  10と □

④  10と □

10の まとまりと
あと いくつかな？

② うえの さらには まめが なんこ あ
りますか。（40てん）1つ10

① □ こ　　② □ こ

③ □ こ　　④ □ こ

2 よみかたを かきましょう。（20てん）1つ10

① | 14 | □

② | 19 | □

こたえは89ページ ☞

20 までの　かず ②

1　□に　はいる　かずを　かきましょう。

（60てん）1つ20

❶　16 は　□ と　6

❷　19 — 10 ／ □

❸　10 ／ 5 — □

2　くだものの　かずは　なんこですか。

（40てん）1つ10

❶  □ こ

❷  □ こ

❸　□ こ

❹　□ こ

20までの かず ③

1 □に はいる かずを かきましょう。

(60てん) □1つ12

① 14— □ —16—17—18—19— □

② □ —15—14—13—12— □ □

2 えを みて かんがえましょう。

(40てん) 1つ20

まえ　　　　　　　　　　　　　　　　　　　うしろ

① とうまさんの まえに 14にん います。とうまさんは まえから なんばんめですか。

□ ばんめ

② なおさんは うしろから 5ばんめです。なおさんは まえから なんばんめですか。

□ ばんめ

こたえは90ページ

20までの かず ④

1 かずの カード^{か あ ど}が あります。かずが おおきい ほうの カードに ○を つけましょう。 (40てん) 1つ10

❶ | 13 | | 11 |　❷ | 19 | | 20 |

❸ | 16 | | 12 |　❹ | 15 | | 17 |

2 かずの ならびかたを しらべましょう。

(60てん) 1つ20

```
 ├──┼──┼──┼──┼──┼──┼──┼──┼──┼──┤
10 11 12 13 14 15 16 17 18 19 20
```

❶ 12より 5 おおきい かずは ☐

❷ 18より 3 ちいさい かずは ☐

❸ 11より 9 おおきい かずは ☐

こたえは90ページ

20までの たしざん ①

1 こたえは　いくつですか。（100てん）1つ10

① $10+5=$ ☐　② $10+8=$ ☐

③ $10+2=$ ☐　④ $10+7=$ ☐

⑤ $10+1=$ ☐　⑥ $10+10=$ ☐

⑦ $11+6=$ ☐　⑧ $15+2=$ ☐

⑨ $15+4=$ ☐　⑩ $12+3=$ ☐

1 こたえは いくつですか。 (20てん) 1つ10

❶ 4+10=[　　] ❷ 17+1=[　　]

2 □に はいる かずを かきましょう。

(40てん) 1つ10

❶ 18+[　　]=19 ❷ 10+[　　]=16

❸ [　　]+5=17 ❹ [　　]+4=15

3 □に かずを かいて, 13+4 の しきに なる もんだいを つくりましょう。 (40てん) □1つ20

[　　]この みかんが ありました。

[　　]この みかんを もらいました。

ぜんぶで なんこに なりましたか。

こたえは90ページ ☞

20までの ひきざん ①

1 こたえは　いくつですか。(100てん) 1つ10

❶ 14−4=◻️　　❷ 16−6=◻️

❸ 19−9=◻️　　❹ 17−7=◻️

❺ 15−2=◻️　　❻ 18−3=◻️

❼ 13−1=◻️　　❽ 14−2=◻️

❾ 15−10=◻️　　❿ 12−10=◻️

こたえは90ページ ☞

シール

1 こたえは いくつですか。 (20てん) 1つ10

❶ 16−4= ☐　　❷ 17−10= ☐

2 ☐に はいる かずを かきましょう。

(40てん) 1つ10

❶ 18− ☐ =10　❷ ☐ −4=15

❸ ☐ −3=16　❹ ☐ −10=1

3 ☐に かずを かいて, 16−2 の し
きに なる もんだいを つくりましょ
う。 (40てん) ☐1つ20

☐ この あめが ありました。

☐ この あめを たべました。

のこりは なんこに なりましたか。

1 とけいは なんじを さして いますか。

(40てん) 1つ20

①

②

2 とけいの はりを かきましょう。

(60てん) 1つ30

❶ 6じ

❷ 9じ

ながい はりと みじかい
はりを かこう。

こたえは90ページ ☞

なんじ　なんじはん　②

シール

月　日
とくてん
てん／80てん

1 とけいは　なんじはんを　さして　いますか。(40てん) 1つ20

❶

❷

2 とけいの　はりを　かきましょう。

(60てん) 1つ30

❶ １２じはん

❷ ３じはん

こたえは90ページ ☞

ながさくらべ ①

1 どちらが ながいですか。ながい ほう
に ○を つけましょう。 (40てん) 1つ10

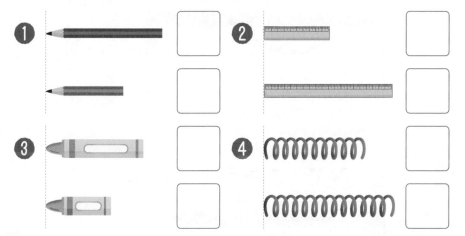

❶ ⬜　❷ ⬜

⬜　⬜

❸ ⬜　❹ ⬜

⬜　⬜

2 きょうかしょが あります。

❶ たてと よこは どちらが
ながいですか。 (20てん) ⬜

さんすう

❷ くらべかたを かんがえましょう。
(40てん) ⬜1つ20

⬜ の ながさと おなじ ひも

を ようい します。その ひもを

⬜ に あてて くらべます。

こたえは91ページ ☞

ながさくらべ ②

1 ながい じゅんに かきましょう。(30てん)

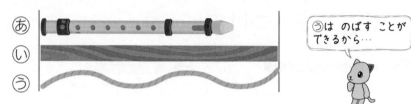

あ
い
う

うは のばす ことが
できるから…

┌─────────────┐
│　　，　　，　　│
└─────────────┘

2 えを みて こたえましょう。

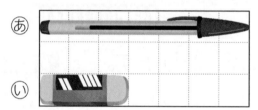

あ
い

❶ あと いは それぞれ めもり いくつ
ぶんの ながさですか。(40てん) □1つ20

あ □ つぶん　い □ つぶん

❷ あは いより めもり いくつぶん な
がいですか。(30てん)

□ つぶん

こたえは91ページ ☞

かさくらべ ①

1 ⓐに　はいった　みずを　ⓘに　うつし
たら，みずが　あふれました。おおく
はいるのは　どちらですか。(40てん)

2 いれものに　はいる　みずを，おなじ
おおきさの　コップで　はかりました。
おおく　はいる　じゅんに　ばんごうを
かきましょう。(60てん) □1つ20

こたえは91ページ ☞

かさくらべ ②

1 みずが おおく はいって いる じゅんに かきましょう。(30てん)

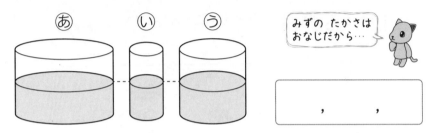

ⓐ　　ⓘ　　ⓤ

みずの たかさは おなじだから…

，　　　，

2 えを みて こたえましょう。

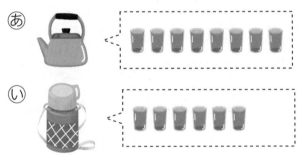

ⓐ

ⓘ

❶ ⓐと ⓘは それぞれ コップ なんばいぶん はいりますか。(40てん) □1つ20

ⓐ □ ぱいぶん　ⓘ □ ぱいぶん

❷ ⓐは ⓘよりも コップ なんばいぶん おおく はいりますか。
(30てん)

□ はいぶん

こたえは91ページ ☞

3つの かずの けいさん ①

1 花が さいて います。

❶ 花は ぜんぶで なん本 さいていますか。 (20てん)

$\boxed{}$ 本

❷ けいさんの しかたを かんがえました。
□に 入る かずを かきましょう。

(40てん) □1つ10

$\boxed{}$ +4 で, $\boxed{}$ だから

$\boxed{}$ +3 で, $\boxed{}$ に なります。

2 こたえは いくつですか。 (40てん) 1つ20

❶ 5+3+1= $\boxed{}$ 　　❷ 2+6+2= $\boxed{}$

こたえは91ページ

3つの かずの けいさん ②

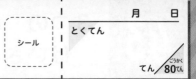

1 えを 見て こたえましょう。

3人 かえった　　3人 かえった

❶ さいごは なん人に なりましたか。(20てん)

□人

❷ けいさんの しかたを かんがえました。
□に 入る かずを かきましょう。

(40てん) □1つ10

□−3で, □だから

□−3で, □に なります。

2 こたえは いくつですか。(40てん) 1つ20

❶ 7−1−2= □　　**❷** 10−2−3= □

こたえは91ページ ☞

LESSON 45

3つの かずの けいさん ③

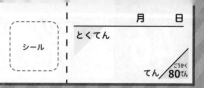

シール

月　日

とくてん

てん／80てん

1 えを 見て こたえましょう。

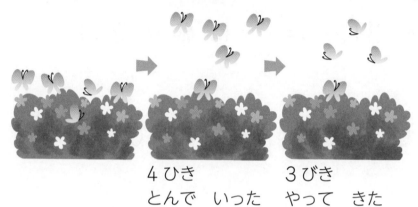

4ひき
とんで いった

3びき
やって きた

❶ さいごは なんびきに なり ましたか。(20てん)

□ひき

❷ けいさんの しかたを かんがえました。
□に 入る かずを かきましょう。

(40てん) □1つ10

□−4 で, □だから

□+3 で, □に なります。

2 こたえは いくつですか。(40てん) 1つ20

❶ 3+6−2= □

❷ 10−3+3= □

45

こたえは91ページ ☞

3つの かずの けいさん ④

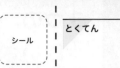

シール

　　　　　　　　月　　　日
とくてん

てん／80てん

1 こたえは いくつですか。 (60てん) 1つ10

❶ 3+2+1= ☐　　❷ 9−3−1= ☐

❸ 2+4−6= ☐　　❹ 10−3−5= ☐

❺ 7+3+8= ☐　　❻ 11−1+4= ☐

2 ☐に 入る かずを かきましょう。

(40てん) 1つ20

❶ 4+ ☐ +3=10

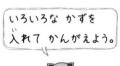

いろいろな かずを
入れて かんがえよう。

❷ ☐ −2−8=0

こたえは91ページ ☞

いろいろな かたち ①

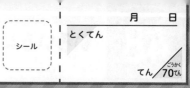

1 にて いる かたちの ものを ―― で
むすびましょう。（60てん）1つ15

2 ちがう かたちの ものを 1つ 見つ
けて，×を つけましょう。（40てん）

こたえは91ページ ☞

いろいろな かたち ②

1 かたちと 名<small>な</small>まえを ―― で むすびましょう。(40てん)

しかく　　　まる　　　さんかく

2 つぎの かたちが うつせる つみ<small>き</small>木は どれですか。 ―― で むすびましょう。

(60てん) 1つ15

　こたえは92ページ

くり上がりの ある たしざん ①

1　こたえは いくつですか。 (100てん) 1つ10

❶ 7+6=⬜

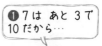
❶ 7は あと 3で 10だから…

❷ 8+6=⬜

❸ 9+4=⬜　　❹ 6+5=⬜

❺ 9+6=⬜　　❻ 8+3=⬜

❼ 9+8=⬜　　❽ 7+5=⬜

❾ 7+4=⬜　　❿ 9+2=⬜

こたえは92ページ ☞

くり上がりの ある たしざん ②

1 こたえは いくつですか。 (100てん) 1つ10

❶ $3+9=$

❷ $8+8=$

❸ $4+8=$

❹ $6+6=$

❺ $5+8=$

❻ $7+9=$

❼ $5+9=$

❽ $4+9=$

❾ $7+7=$

❿ $6+8=$

くり上がりの ある たしざん ③

1 こたえは いくつですか。 (20てん) 1つ10

❶ 9+9= ☐

❷ 7+8= ☐

2 ☐に 入る かずを かきましょう。

(40てん) 1つ10

❶ 6+ ☐ =14　❷ 4+ ☐ =13

❸ ☐ +3=11　❹ ☐ +9=18

3 ☐に かずを かいて, 5+8 の しき に なる もんだいを つくりましょう。

(40てん) ☐1つ20

☐ この クッキーが ありました。

☐ この クッキーを もらいました。

あわせて なんこに なりましたか。

こたえは92ページ

くり上がりの ある たしざん ④

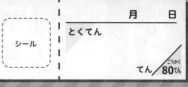

シール

月　日

とくてん

てん／80てん

1 こたえは いくつですか。(20てん) 1つ10

❶ 6+7= ☐　　❷ 8+5= ☐

2 ☐に 入る かずを かきましょう。

(40てん) 1つ10

❶ 5+ ☐ =14　❷ 9+ ☐ =17

❸ ☐ +8=16　❹ ☐ +6=15

3 ☐に かずを かいて, 6+9 の しき に なる もんだいを つくりましょう。

(40てん) ☐1つ20

☐ わの はとが いました。

☐ わ とんで きました。

あわせて なんわに なりましたか。

52

こたえは92ページ ☞

たしざんの　カード ③

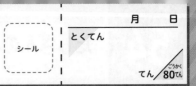

月　　日

とくてん

てん／<ruby>ごうかく<rt></rt></ruby>**80**てん

1　たしざんの　カードです。おもてと　うらを　──で　むすびましょう。

（100てん）1つ10

（おもて）

8+6	15 （うら）
4+7	16
6+9	11
8+8	18
9+9	14
5+8	19
5+7	17
10+10	13
10+9	20
8+9	12

こたえは92ページ

1 こたえが おなじ かずに なる カード を ―― で むすびましょう。(100てん) 1つ10

❶
8+5	·	·	8+8
7+7	·	·	7+8
6+9	·	·	7+6
3+9	·	·	7+5
9+7	·	·	9+5

❷
6+7	·	·	5+6
5+9	·	·	6+6
7+4	·	·	4+9
9+8	·	·	6+8
9+3	·	·	8+9

こたえは92ページ

LESSON
55

くり下がりの ある
ひきざん ①

シール

月　日
とくてん

てん／ごうかく 80てん

1 こたえは　いくつですか。(100てん) 1つ10

❶ 13−6=

❶ 13 を 10 と 3 に
わけて…

❷ 11−3=

❸ 12−9=　　　❹ 14−7=

❺ 18−9=　　　❻ 17−8=

❼ 16−9=　　　❽ 15−7=

❾ 12−3=　　　❿ 14−8=

こたえは93ページ

くり下がりの ある ひきざん ②

シール

月　　日

とくてん

てん／80てん

---

1 こたえは いくつですか。（100てん）1つ10

❶ 14−9= □　　❷ 12−4= □

❸ 13−5= □　　❹ 14−8= □

❺ 17−9= □　　❻ 13−8= □

❼ 14−6= □　　❽ 12−6= □

❾ 11−8= □　　❿ 15−8= □

こたえは93ページ☞

LESSON 57

くり下がりの ある
ひきざん ③

シール

月　日

とくてん

てん／80てん

1 こたえは いくつですか。(20てん) 1つ10

① $11-5=$ 　　　② $15-9=$

2 □に 入る かずを かきましょう。

(40てん) 1つ10

① $13-$ 　$=4$　② $16-$ 　$=8$

③ 　$-8=6$　④ 　$-7=5$

3 □に かずを かいて, $14-9$ の し
きに なる もんだいを つくりましょ
う。(40てん) □1つ20

　　　本の えんぴつが ありました。

　　　本 つかいました。

のこりは なん本に なりましたか。

LESSON
58

くり下がりの　ある
ひきざん ④

シール

月　日
とくてん

てん／^{ごうかく}**80**てん

1 こたえは　いくつですか。（20てん）1つ10

❶ 13−7= ▢　　❷ 15−6= ▢

2 ▢に　入る^{はい}　かずを　かきましょう。

（40てん）1つ10

❶ 11− ▢ =4　❷ 13− ▢ =7

❸ ▢ −7=7　　❹ ▢ −8=9

3 ▢に　かずを　かいて，12−5 の　し
きに　なる　もんだいを　つくりましょ
う。（40てん）▢1つ20

▢ この　あめが　ありました。

▢ こ　たべました。

のこりは　なんこに　なりましたか。

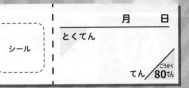
1 ひきざんの　カードです。おもてと　うらを　——で　むすびましょう。(80てん) 1つ20

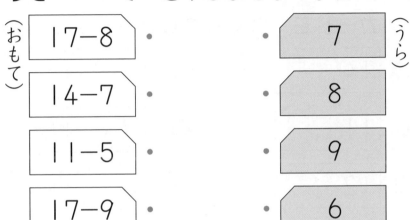

(おもて)

17-8	・
14-7	・
11-5	・
17-9	・

(うら)

・	7
・	8
・	9
・	6

2 こたえが　7に　なる　カードは　なんまい　ありますか。(20てん)

| 15-8 | 13-8 | 11-4 |
| 12-5 | 18-9 | 16-9 |

　まい

59

こたえは93ページ ☞

ひきざんの　カード　④

1 ひきざんの　カードが　あります。こた
えが　8の　とき，おもての　しきの
カードを　つくりましょう。（60てん）1つ10

❶ | 14－☐ |

❷ | 16－☐ |

❸ | 11－☐ |

❹ | 17－☐ |

❺ | 12－☐ |

❻ | 15－☐ |

2 こたえが　おなじ　かずに　なる　カード
を　──で　むすびましょう。（40てん）1つ10

| 14－9 | ・
| 19－9 | ・
| 12－6 | ・
| 16－7 | ・

・ | 1＋5 |
・ | 5＋4 |
・ | 3＋2 |
・ | 8＋2 |

こたえは93ページ ☞

3つの かずの けいさん ⑤

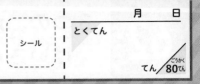
1 えを <ruby>見<rt>み</rt></ruby>て こたえましょう。

8こ もらった　　9こ あげた

❶ さいごは なんこに なりましたか。(20てん)

　　　　　□こ

❷ けいさんの しかたを かんがえました。
□に <ruby>入<rt>はい</rt></ruby>る かずを かきましょう。
(40てん) □1つ10

　　□ +8 で, □ だから

　　□ -9 で, □ に なります。

2 こたえは いくつですか。(40てん) 1つ20

❶ 9+8-4= □　　❷ 7+9-8= □

こたえは93ページ ☞

3つの かずの けいさん ⑥

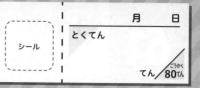

1 えを 見て こたえましょう。

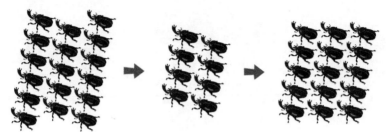

9ひき
とんで いった

7ひき
とんで きた

❶ さいごは なんびきに なりましたか。(20てん)

□ひき

❷ けいさんの しかたを かんがえました。
□に 入る かずを かきましょう。
(40てん) □1つ10

□ −9 で, □ だから

□ +7 で, □ に なります。

2 □に 入る かずを かきましょう。
(40てん) 1つ20

❶ □ −3−9=4　❷ 6+9− □ =7

こたえは93ページ ☞

かたちづくり ①

1 下の かたちは ⊿を なんまい
つかって いますか。（60てん）1つ10

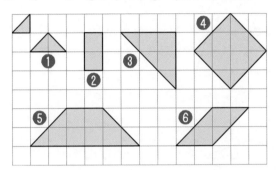

❶ [　　] まい ❷ [　　] まい ❸ [　　] まい

❹ [　　] まい ❺ [　　] まい ❻ [　　] まい

2 ⊿を 3まい ならべました。つない
だ ところに せんを かきましょう。

（40てん）1つ20

❶

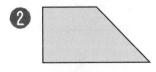

❷

こたえは93ページ ☞

かたちづくり ②

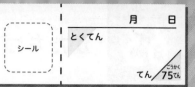

1 左の かたちと おなじ かたちを
かきましょう。（50てん）1つ25

①

②

2 下の かたちは なん本の ━━ で で
きて いますか。（50てん）1つ25

①

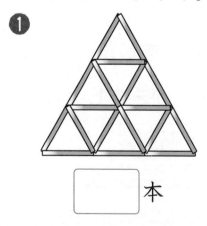

☐ 本

②

☐ 本

いろいろな かたちが
つくれるね。

こたえは94ページ ☞

1 どちらの　かみが　ひろいですか。

（100てん）1つ25

❶   かさねると

❷   かさねると

❸ あ　　　　　　い
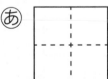 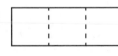

❹ あ　　　　　　　　い
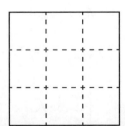 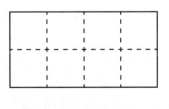

こたえは94ページ ☞

ひろさくらべ ②

月　日

とくてん

てん／こうかく **80**てん

1 ばしょとりあそびを
しました。(40てん) □1つ10

❶ □を　なんこ　とり
ましたか。

ゆうたさん [　　　] こ　りささん [　　　] こ

❷ どちらが　なんこぶん　ひろいですか。

[　　　　　] さんが [　　　] こぶん　ひろい。

2 ばしょとりあそびを
しました。(60てん) □1つ15

❶ □を　なんこ　とり
ましたか。

ゆかりさん [　　　] こ　けんさん [　　　] こ

❷ どちらが　なんこぶん　ひろいですか。

[　　　　　] さんが [　　　] こぶん　ひろい。

こたえは94ページ

大きい かず ①

シール

月 日

とくてん

てん／80てん

1 えんぴつは なん本 ありますか。

(20てん) 1つ10

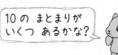

10の まとまりが いくつ あるかな?

①

□ 本

②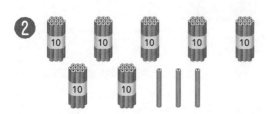

□ 本

2 かずを かきましょう。 (80てん) 1つ20

① 十のくらいが 6, 一のくらいが 7の

かずは □

② 十のくらいが 4, 一のくらいが 9の

かずは □

③ 10が 3つと 1が 2つで □

④ 10が 8つと 1が 8つで □

大きい かず ②

1 なんこ ありますか。(40てん) 1つ20

①  こ

②   こ

2 □に かずを かきましょう。(60てん) 1つ20

① 58 は 10 が つと 1 が

つ

② 96 は 10 が つと 1 が

つ

③ 74 は 10 が つと 1 が

つ

こたえは94ページ ☞

大きい かず ③

1 □に かずを かきましょう。（40てん）1つ10

① 50 — ☐ — 70 — ☐ — 90

② 48 — ☐ — 50 — ☐ — 52

③ 100 — ☐ — 80 — ☐ — 60

④ 78 — ☐ — 76 — ☐ — 74

2 かずの 大きさを くらべて います。
大きい ほうに ○を つけましょう。

（60てん）1つ15

① 98　89

② 76　69

③ 74　94

④ 89　80

こたえは94ページ

大きい かず ④

1 なん円 ありますか。(40てん) 1つ20

①

　　　　　　　　　　　　　　　　　　　　　　□ 円

②

　　　　　　　　　　　　　　　　　　　　　　□ 円

2 下の お金で かえる ものに ○を つけましょう。(60てん) □1つ10

51円	31円	88円
□	□	□

79円	47円	27円
□	□	□

1 かずを　こたえましょう。（60てん）1つ15

① 97より　3　小さい　かずは　☐

② 58より　4　大きい　かずは　☐

③ 73より　5　小さい　かずは　☐

④ 80より　10　小さい　かずは　☐

2 なんまい　ありますか。（40てん）1つ20

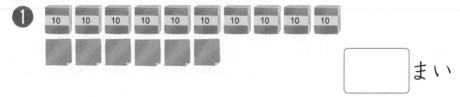

① ☐まい

② ☐まい

こたえは94ページ ☞

大きい　かず ⑥

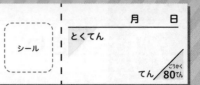

シール

月　日
とくてん

てん／80てん

1 かずを　こたえましょう。（60てん）1つ15

❶ 100より　3　大きい　かずは ☐

❷ 110より　1　小さい　かずは ☐

❸ 110より　5　大きい　かずは ☐

❹ 120より　2　小さい　かずは ☐

2 ☐に　かずを　かきましょう。（40てん）1つ10

❶ 80 ─ ☐ ─ 100 ─ ☐ ─ 120

❷ ☐ ─ 101 ─ 100 ─ ☐ ─ 98

❸ 110 ─ ☐ ─ 90 ─ 80 ─ ☐

❹ 108 ─ 109 ─ ☐ ─ 111 ─ ☐

こたえは95ページ

大きい かずの けいさん ①

1 あわせて　なん本ですか。(40てん) 1つ20

①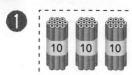

10 の たばで かんがえ ると，3つと 4つだね。

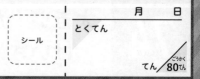

（しき）30+ ☐ ＝ ☐ 　☐ 本

②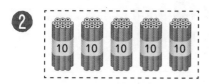

（しき）☐ +40＝ ☐ 　☐ 本

2 こたえは　いくつですか。(60てん) 1つ10

① 50+20＝ ☐ 　② 60+30＝ ☐

③ 10+70＝ ☐ 　④ 40+50＝ ☐

⑤ 30+70＝ ☐ 　⑥ 80+20＝ ☐

大きい かずの けいさん ②

1 あわせて　なん<ruby>本<rt>ぼん</rt></ruby>ですか。(40てん) 1つ20

❶
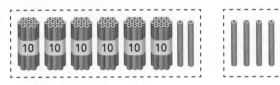

（しき）62+ ☐ = ☐　　☐ 本

❷

（しき）☐ +43= ☐　　☐ 本

2 こたえは　いくつですか。(60てん) 1つ10

❶ 80+6= ☐　　　❷ 73+5= ☐

❸ 34+4= ☐　　　❹ 91+6= ☐

❺ 55+3= ☐　　　❻ 66+3= ☐

こたえは95ページ ☞

大きい かずの けいさん ③

1 のこりは なんまいですか。 (40てん) 1つ20

①

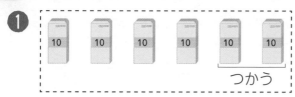

つかう

（しき） 60 − ☐ = ☐　　☐ まい

②

つかう

（しき） ☐ − 40 = ☐　　☐ まい

2 こたえは いくつですか。 (60てん) 1つ10

① 90 − 30 = ☐　　**②** 80 − 70 = ☐

③ 50 − 20 = ☐　　**④** 60 − 40 = ☐

⑤ 70 − 10 = ☐　　**⑥** 40 − 30 = ☐

大きい かずの けいさん ④

1 のこりは なんまいですか。（40てん）1つ20

❶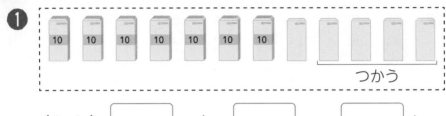

つかう

（しき） [　　] −4= [　　]　　[　　] まい

❷

つかう

（しき） 48− [　　] = [　　]　　[　　] まい

2 こたえは いくつですか。（60てん）1つ10

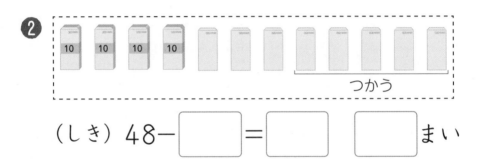

❶ 56−6= [　　]　　❷ 94−4= [　　]

❸ 63−3= [　　]　　❹ 79−4= [　　]

❺ 85−3= [　　]　　❻ 37−5= [　　]

こたえは95ページ

大きい かずの けいさん ⑤

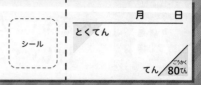

1 おはじきを 30こ もって います。2こ もらうと, なんこに なりますか。

（しき10てん・こたえ10てん）

（しき）

 こ

2 あめが 66こ あります。6こ たべると, なんこに なりますか。

（しき10てん・こたえ10てん）

（しき）

 こ

3 □に 入るのは, ＋か － の うち どちらですか。（60てん）1つ15

❶ 40 □ 30=70 **❷** 30 □ 6=36

❸ 70 □ 50=20 **❹** 54 □ 4=50

こたえは95ページ ☞

LESSON
78

大きい かずの
けいさん ⑥

シール

月　日
とくてん

てん／80てん

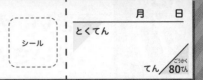

1 犬が　25ひき　ねこが　20ぴき　います。あわせて　なんびきですか。

（しき10てん・こたえ10てん）

（しき）

□ ひき

2 おとなが　30人, 子どもが　34人　います。子どもの　ほうが　なん人　おおいですか。（しき10てん・こたえ10てん）

（しき）

□ 人

3 □に　入るのは, ＋か　－の　うち　どちらですか。（60てん）1つ15

① 41 □ 8=49　　② 65 □ 20=85

③ 75 □ 4=71　　④ 53 □ 30=23

なんじなんぷん ①

月　日

とくてん

てん／**80**てん

---

1 とけいは　なんじなんぷんを　さして
いますか。（40てん）1つ20

1

2

［　　　　　　　　　］　　　　　［　　　　　　　　　］

ながい　はりでは
1目もりが　1ぷんだよ。

---

2 とけいの　はりを　かきましょう。

（60てん）1つ30

1 3 じ 20 ぷん

2 5 じ 50 ぷん

こたえは95ページ ☞

1 とけいは　なんじなんぷんを　さして
いますか。 （40てん）1つ20

❶

❷

```
┌──────────────┐        ┌──────────────┐
│              │        │              │
│              │        │              │
└──────────────┘        └──────────────┘
```

2 とけいの　はりを　かきましょう。

（60てん）1つ30

❶ 2 じ 35 ふん　　❷ 1 1 じ 55 ふん

こたえは96ページ ☞

なんじなんぷん ③

1 とけいは　なんじなんぷんを　さして います。 (40てん) 1つ20

❶

❷

2 とけいの　はりを　かきましょう。

(60てん) 1つ30

❶ 7 じ 59 ふん

❷ 4 じ 33 ぷん

こたえは96ページ

なんじなんぷん ④

1 とけいは　なんじなんぷんを　さして
います か。（40てん）1つ20

①

②

2 おなじ　じかんの　ものを　──で　む
すびましょう。（60てん）1つ30

| 6:03 | 9:28 | 6:30 | 9:48 |

こたえは96ページ

たしざんや　ひきざんの
もんだい ①

1 てつやさんは　まえから　8人めです。
てつやさんの　うしろに　6人　います。
みんなで　なん人ですか。(しき10てん・こたえ10てん)
（しき）

　　　　　　　　　　　　　　　　　　　　　　人

2 しゃしんを　とります。
5この　いすに　ひと
りずつ　すわり，うしろに　6人　たち
ます。なん人で　しゃしんを　とります
か。(しき10てん・こたえ10てん)
（しき）

　　　　　　　　　　　　　　　　　　　　　　人

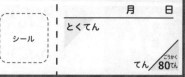

3 □に　入るのは　＋か　－の　うち　ど
ちらですか。(60てん) 1つ15

❶ 9 □ 3=12 　　❷ 13 □ 8=5

❸ 7 □ 5=12 　　❹ 15 □ 8=7

こたえは96ページ ☞

LESSON
84

たしざんや　ひきざんの
もんだい ②

シール

月　日

とくてん

てん／80てん

1 9人が　ひとり　1本ずつ　かさを　さして　います。かさは,　あと　7本　あります。かさは,　ぜんぶで　なん本　ありますか。(しき10てん・こたえ10てん)

（しき）

□本

2 バスに　18人　のって　いました。バスていで　9人　おりて,　5人　のって　きました。いま　なん人　のって　いますか。(しき10てん・こたえ10てん)

（しき）

□人

3 □に　入るのは,　＋か　－の　うち　どちらですか。(60てん) 1つ20

❶ 7+4 □ 5=16　❷ 13−5 □ 8=0

❸ 15−8 □ 6=13

こたえは96ページ

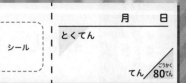
1 4人の　子どもに，チョコレートを　5こずつ　あげます。ぜんぶで　なんこ　いりますか。(20てん)

　こ

2 6人の　子どもに，クッキーを　2こずつ　あげます。ぜんぶで　なんこ　いりますか。(20てん)

　こ

3 こたえは　いくつですか。(60てん) 1つ15

❶ 3+3+3=□　　❷ 5+5+5=□

❸ 4+4+4+4=□

❹ 2+2+2+2=□

1 みかんが　10こ　あります。ひとりに　2こずつ　あげると，あげられるのは　なん人ですか。（25てん）

| | 人

2 あめ　16こを　おなじ　かずずつ　わけます。（75てん）1つ25

1 ふたりでは　ひとりに　なんこずつ　あげられますか。

| | こ

2 4人では　ひとりに　なんこずつ　あげられますか。

| | こ

3 8人では　ひとりに　なんこずつ　あげられますか。

| | こ

こたえは96ページ☞

① 5までの かず① 　　1ページ

1 ❶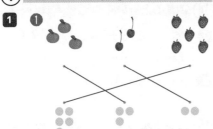

❷3こ　❸2こ　❹5こ

② 5までの かず② 　　2ページ

1 ❶3びき　❷5ひき

アドバイス 数によって数え方が変わることに気づかせてください。
1ぴき，2ひき，3びき，…となります。

2 ❶4こと　3こ

❷4こ　のって　いる　おさら

③ 10までの かず① 　　3ページ

1 ❶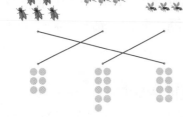

❷8ぴき　❸6ぴき

❹9ひき

④ 10までの かず② 　　4ページ

1 ❶（うえから）7わ，10わ，8わ

❷からす　❸ふくろう

⑤ 10までの かず③ 　　5ページ

1 ❶8

❷（ひだりから）10，8

❸6

❹⬤⬤⬤⬤⬤⬤⬤⬤⬤○

⑥ 0と いう かず 　　6ページ

1 ❶（ひだりから）7こ，0こ

❷（ひだりから）0こ，2こ

2 （ひだりから）4，0

⑦ なんばんめ① 　　7ページ

1 ❶4ばんめ

❷5ばんめ

2 ❶ ひだり○○○○○○○⬤○○ みぎ

❷ ひだり○○○○⬤⬤⬤⬤⬤○ みぎ

アドバイス 「何番目」が正しく理解できているか注意してください。

⑧ なんばんめ② 　　8ページ

1 ❶ねこ

❷5ばんめ

2 ❶ ひだり 🚗🚗🚗🚙🚗🚗 みぎ

❷

❸ ひだり ⬤⬤⬤⬤⬤🔴⬤ みぎ

⑨ いくつと いくつ① 　　9ページ

1 3こ

2
- ❶ ●○○○○
- ❷ ●●●●○
- ❸ ●●●●○

🎺アドバイス 左の●に続けて数えます。
具体物で数えさせてもよいでしょう。

⑩ いくつと いくつ② 　　10ページ

1 ❶3 ❷1 ❸2 ❹4

2 ❶5 ❷3 ❸6 ❹2

⑪ いくつと いくつ③ 　　11ページ

1

| 2と6 | 7と1 |
| 3と5 | 4と4 |

🎺アドバイス たして8になるものをさがしましょう。

2
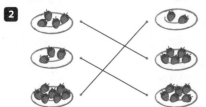

⑫ いくつと いくつ④ 　　12ページ

1
- ❶ ●●●●●●○
- ❷ ●●●●●○○
- ❸ ●●●●○○○

🎺アドバイス 左の●に続けて数えます。
具体物で数えさせてもよいでしょう。

2 ❶8 ❷1 ❸4 ❹5

⑬ あわせて いくつ 　　13ページ

1 ❶2+3 ❷5こ

2 (しき)3+4=7 　　7にん

⑭ ふえると いくつ 　　14ページ

1
- ❶ (しき)3+6=9 　　9だい
- ❷ (しき)5+3=8 　　8こ

2 (しき)7+3=10 　　10こ

⑮ たしざん① 　　15ページ

1 ❶2 ❷3 ❸5 ❹5 ❺4
　　 ❻4 ❼8 ❽7 ❾6 ❿9

⑯ たしざん② 　　16ページ

1 ❶9 ❷8

2 ❶2 ❷6 ❸5 ❹1

3 (じゅんに)5, 4

🎺アドバイス このように，問題づくりをすると，たし算に対する理解が深まります。

⑰ たしざんの カード① 　　17ページ

1 ❶10 ❷5 ❸6 ❹6
　　 ❺1

⑱ たしざんの カード② 　　18ページ

1

| 3+6 | 2+7 |

2
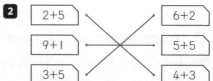

1　❶（しき）8−5=3　　　　3わ

　　❷（しき）10−4=6　　　6こ

1　❶（しき）8−5=3　　　3びき

　　❷（しき）9−6=3　　　　3こ

1　❶4　❷1　❸2　❹3　❺6

　　❻1　❼2　❽8　❾7　❿5

1　❶3　❷5

2　❶4　❷4　❸8　❹10

3　（じゅんに）7, 3

🔺アドバイス このように，問題づくりをする
と，ひき算に対する理解が深まります。

1　❶2　❷2　❸2　❹1

　　❺5

1　10−7　　4−1

2　9−2 ╲　　　　／ 8−3

　　5−1 ╲╱ 10−3

　　7−2 ╱╲ 10−6

1　❶よしきさん…3 てん

　　　みどりさん…6 てん

　　❷0 てん　❸みどりさん

🔺アドバイス どんな数に 0 をたしても答え
は変わらないことを理解させましょう。

1　❶①8　②7　③5

　　❷ゆうきさん

🔺アドバイス どんな数から 0 をひいても答
えは変わらないことを理解させましょう。

1　❶

○	○	○	●
○	●	○	●
●	●	○	●
●	●	●	●
●	●	●	●
いちご	みかん	バナナ	りんご

　　❷りんご　❸バナナ

1　❶しか…4　さる…5

　　　くま…4　ぞう…3

　　❷さる　❸しかとくま

1　❶①10　②7　③3　④0

　　❷①20 こ　②17 こ

　　　③13 こ　④10 こ

2　❶じゅうし　❷じゅうく

㉚ 20までの かず② 　30ページ

1 ❶10 ❷9 ❸15

🔰**アドバイス** 数を分けることは，その数がどんな数からできているかをつかむうえで大事なものです。
いろいろな分け方をさせましょう。

2 ❶13こ ❷17こ
❸14こ ❹18こ

㉛ 20までの かず③ 　31ページ

1 ❶(ひだりから)15，20
❷(ひだりから)16，11，10

🔰**アドバイス** どのような規則で数が並んでいるのか気付かせましょう。

2 ❶15ばんめ ❷13ばんめ

㉜ 20までの かず④ 　32ページ

1 ❶13 ❷20 ❸16 ❹17
2 ❶17 ❷15 ❸20

㉝ 20までの たしざん① 　33ページ

1 ❶15 ❷18 ❸12 ❹17
❺11 ❻20 ❼17 ❽17
❾19 ❿15

㉞ 20までの たしざん② 　34ページ

1 ❶14 ❷18
2 ❶1 ❷6 ❸12 ❹11
3 (じゅんに)13，4

㉟ 20までの ひきざん① 　35ページ

1 ❶10 ❷10
❸10 ❹10
❺13 ❻15
❼12 ❽12
❾5 ❿2

㊱ 20までの ひきざん② 　36ページ

1 ❶12 ❷7
2 ❶8 ❷19
❸19 ❹11
3 (じゅんに)16，2

㊲ なんじ なんじはん① 　37ページ

1 ❶4じ
❷8じ

2 ❶

㊳ なんじ なんじはん② 　38ページ

1 ❶1じはん
❷10じはん

2 ❶

㊴ ながさくらべ ①　　39ページ

1
① 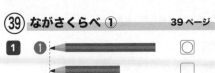 ◯
□
② □
◯
③ ◯
□
④ □
◯

2 ① たて
② (じゅんに)
たて, よこ(よこ, たて)

㊵ ながさくらべ ②　　40ページ

1 ③, ⓘ, ⓐ

アドバイス ③の長さを理解させるためには, 問題の図に合わせてひもを用意して, 比べるようにします。

2 ①ⓐ 7つぶん　ⓘ 3つぶん
② 4つぶん

㊶ かさくらべ ①　　41ページ

1 ⓐ

2 (うえから)3, 1, 2

㊷ かさくらべ ②　　42ページ

1 ⓐ, ③, ⓘ

2 ①ⓐ 8ぱいぶん
ⓘ 6ぱいぶん
② 2はいぶん

㊸ 3つの かずの けいさん ①　43ページ

1 ①9本
②(じゅんに)2, 6, 6, 9

2 ①9　②10

アドバイス 順を追って考えさせましょう。

㊹ 3つの かずの けいさん ②　44ページ

1 ①3人
②(じゅんに)9, 6, 6, 3

2 ①4　②5

㊺ 3つの かずの けいさん ③　45ページ

1 ①4ひき
②(じゅんに)5, 1, 1, 4

2 ①7　②10

㊻ 3つの かずの けいさん ④　46ページ

1 ①6　②5　③0　④2
⑤18　⑥14

2 ①3　②10

㊼ いろいろな かたち ①　47ページ

1
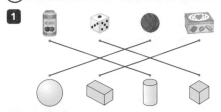

2  に ×

アドバイス どのような概形をしているのか考えさせましょう。

㊽ いろいろな かたち ② 48ページ

1
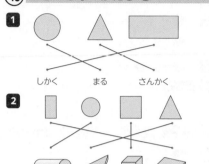

2

アドバイス 積み木の面の形を紙の上に写し取った形を考えさせましょう。

㊾ くり上がりの ある たしざん ① 49ページ

1 ❶13 ❷14
❸13 ❹11
❺15 ❻11
❼17 ❽12
❾11 ❿11

アドバイス 10のまとまりをつくらせてみましょう。

㊿ くり上がりの ある たしざん ② 50ページ

1 ❶12 ❷16
❸12 ❹12
❺13 ❻16
❼14 ❽13
❾14 ❿14

51 くり上がりの ある たしざん ③ 51ページ

1 ❶18 ❷15
2 ❶8 ❷9 ❸8 ❹9
3 (じゅんに)5, 8

52 くり上がりの ある たしざん ④ 52ページ

1 ❶13 ❷13
2 ❶9 ❷8
❸8 ❹9
3 (じゅんに)6, 9

53 たしざんの カード ③ 53ページ

1
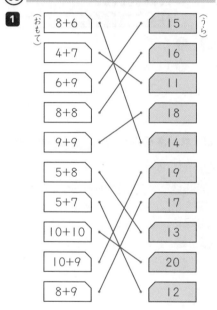

54 たしざんの カード ④ 54ページ

1 ❶
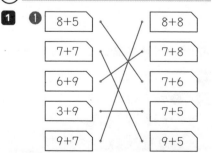

②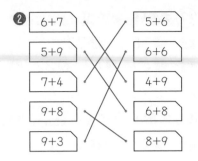

---

⑤⑤ くり下がりの ある ひきざん ① 55ページ

1 ❶7 ❷8 ❸3 ❹7 ❺9
　　❻9 ❼7 ❽8 ❾9 ❿6

`⚡アドバイス` 10のまとまりを意識させま
しょう。

⑤⑥ くり下がりの ある ひきざん ② 56ページ

1 ❶5 ❷8 ❸8 ❹6 ❺8
　　❻5 ❼8 ❽6 ❾3 ❿7

⑤⑦ くり下がりの ある ひきざん ③ 57ページ

1 ❶6 ❷6
2 ❶9 ❷8
　　❸14 ❹12
3 (じゅんに)14, 9

⑤⑧ くり下がりの ある ひきざん ④ 58ページ

1 ❶6 ❷9
2 ❶7 ❷6
　　❸14 ❹17
3 (じゅんに)12, 5

㊾ ひきざんの カード ③ 59ページ

1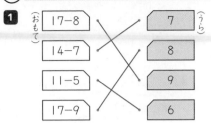

2 4まい

⑥⓪ ひきざんの カード ④ 60ページ

1 ❶6 ❷8 ❸3 ❹9 ❺4
　　❻7
2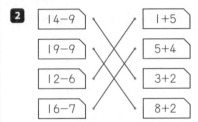

⑥① 3つの かずの けいさん ⑤ 61ページ

1 ❶5こ
　　❷(じゅんに)6, 14, 14, 5
2 ❶13 ❷8

`⚡アドバイス` 順を追って考えさせましょう。

⑥② 3つの かずの けいさん ⑥ 62ページ

1 ❶15ひき
　　❷(じゅんに)17, 8, 8, 15
2 ❶16 ❷8

⑥③ かたちづくり ① 63ページ

1 ❶2まい　❷4まい
　　❸9まい　❹16まい
　　❺16まい　❻8まい

2 ❶

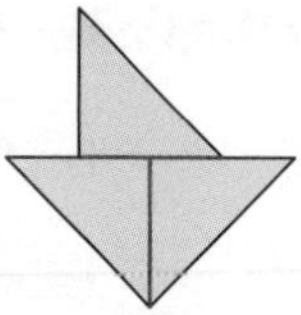

❷

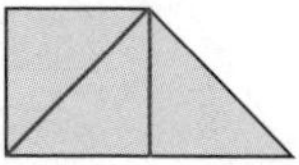

または

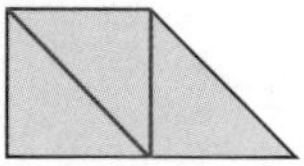

アドバイス 別の答えがある問題は，他に答えがないか考えさせると効果的です。

⑭ かたちづくり ②　64ページ

1 ❶　❷

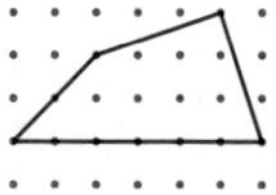

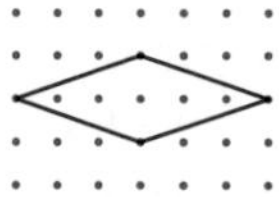

2 ❶18本（ぼん）　❷12本（ほん）

⑮ ひろさくらべ ①　65ページ

1 ❶㋑　❷㋐　❸㋐　❹㋐

アドバイス 視覚的にわからない問題は単位量に落としこんで考えさせましょう。

⑯ ひろさくらべ ②　66ページ

1 ❶ゆうたさん…13こ
りささん…12こ
❷（左（ひだり）から）ゆうた，1

2 ❶ゆかりさん…11こ
けんさん…14こ
❷（左から）けん，3

⑰ 大きい　かず ①　67ページ

1 ❶58本（ぼん）　❷73本

2 ❶67　❷49　❸32　❹88

⑱ 大きい　かず ②　68ページ

1 ❶23こ　❷39こ

2 ❶5，8　❷9，6　❸7，4

⑲ 大きい　かず ③　69ページ

1 ❶（左（ひだり）から）60，80
❷（左から）49，51
❸（左から）90，70
❹（左から）77，75

アドバイス 数の並び方の関係を見つける力が求められます。これ以外にも問題を数多くさせるようにしてください。

2 （◯を　つける　もの）
❶98　❷76　❸94　❹89

⑳ 大きい　かず ④　70ページ

1 ❶22円（えん）　❷43円

2 （◯を　つける　もの）

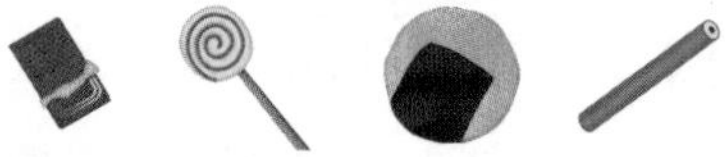

アドバイス 55円以下のものを選ばせましょう。

㉑ 大きい　かず ⑤　71ページ

1 ❶94　❷62　❸68　❹70

2 ❶106まい　❷120まい

⑦② 大きい かず ⑥　　72ページ

1 ❶103　❷109　❸115
　　❹118

2 ❶(左から)90, 110
　　❷(左から)102, 99
　　❸(左から)100, 70
　　❹(左から)110, 112

⑦③ 大きい かずの けいさん ①　73ページ

1 ❶(左から)40, 70, 70本
　　❷(左から)50, 90, 90本

2 ❶70　❷90
　　❸80　❹90
　　❺100　❻100

アドバイス それぞれの位の数に注目させま
しょう。

⑦④ 大きい かずの けいさん ②　74ページ

1 ❶(左から)6, 68, 68本
　　❷(左から)4, 47, 47本

2 ❶86　❷78
　　❸38　❹97
　　❺58　❻69

⑦⑤ 大きい かずの けいさん ③　75ページ

1 ❶(左から)20, 40, 40まい
　　❷(左から)70, 30, 30まい

2 ❶60　❷10
　　❸30　❹20
　　❺60　❻10

⑦⑥ 大きい かずの けいさん ④　76ページ

1 ❶(左から)75, 71, 71まい
　　❷(左から)5, 43, 43まい

2 ❶50　❷90
　　❸60　❹75
　　❺82　❻32

⑦⑦ 大きい かずの けいさん ⑤　77ページ

1 (しき)30+2=32　　　32こ
2 (しき)66−6=60　　　60こ
3 ❶+　❷+
　　❸−　❹−

アドバイス +と−のどちらが入るのか試
行錯誤させましょう。

⑦⑧ 大きい かずの けいさん ⑥　78ページ

1 (しき)25+20=45　　45ひき
2 (しき)34−30=4　　　4人
3 ❶+　❷+
　　❸−　❹−

⑦⑨ なんじなんぷん ①　　79ページ

1 ❶1じ40ぷん
　　❷10じ15ふん

アドバイス 何時は短針を，何分は長針を読
み取ることを覚えさせましょう。

2 ❶ 　❷

⑧⓪ なんじなんぷん ② 　　80ページ

1 ❶ 6 じ 25 ふん
　　❷ 8 じ 15 ふん

2 ❶ 　❷

⑧① なんじなんぷん ③ 　　81ページ

1 ❶ 3 じ 46 ぷん
　　❷ 12 じ 8 ぷん

2 ❶ 　❷

⑧② なんじなんぷん ④ 　　82ページ

1 ❶ 2 じ 47 ふん
　　❷ 9 じ 56 ぷん

2

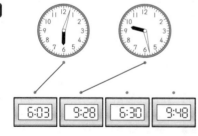

| 6:03 | 9:28 | 6:30 | 9:48 |

⑧③ たしざんや ひきざんの もんだい ① 　83ページ

1 （しき）8＋6＝14　　　　14 人

アドバイス 自分で図を描かせると効果的です。

2 （しき）5＋6＝11　　　　11 人

アドバイス 自分で図を描かせると効果的です。

3 ❶ ＋ 　❷ －
　　❸ ＋ 　❹ －

⑧④ たしざんや ひきざんの もんだい ② 　84ページ

1 （しき）9＋7＝16　　　　16 本

2 （しき）18－9＋5＝14　　14 人

アドバイス 順を追って考えさせましょう。

3 ❶ ＋ 　❷ － 　❸ ＋

⑧⑤ おなじ　かずずつ ① 　　85ページ

1 20 こ

アドバイス はじめのうちは図をかいて考えさせましょう。

2 12 こ

3 ❶ 9 　❷ 15 　❸ 16 　❹ 8

⑧⑥ おなじ　かずずつ ② 　　86ページ

1 5 人

2 ❶ 8 こ 　❷ 4 こ 　❸ 2 こ